はじめに

　本書は 2002 年、2008 年に刊行した『小笠原の植物フィールドガイド』Ⅰ、Ⅱの続篇です。小笠原の国有種などは、おおむねⅠ、Ⅱで紹介しましたので、今回は村落内や道際で見られる植物が多くなりました。

　このフィールドガイドは写真を主にして、解説は簡単にしました。観光の方や村の方々

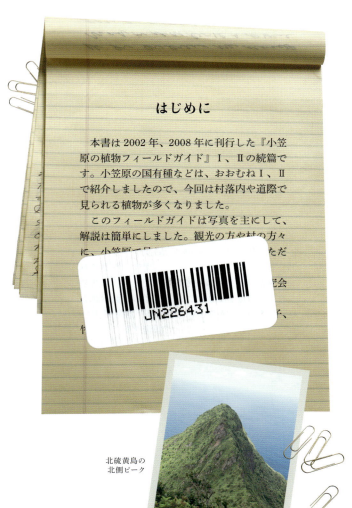

北硫黄島の
北側ピーク

Contents

はじめに ——————————— 1
小笠原の植物の現状 ——————— 4
参考図書 ——————————— 6

Part:1 人里の植物

ナンヨウソテツ ————————— 8
ソテツ ——————————————— 9
モンステラ（ホウライショウ）———— 10
ビョウタコノキ（アカタコノキ）—— 11
オオバセンボウ（オオキンバイザサ）— 11
トックリヤシ ————————— 12
トックリヤシモドキ ——————— 12
マニラヤシ ——————————— 13
コモチクジャクヤシ ——————— 14
コガネタケヤシ（アレカヤシ）——— 15
ダンドク ——————————— 16
ユスラヤシ ——————————— 16
ダンチク ——————————— 17
アイダガヤ ——————————— 18
ナピアグラス ————————— 18
サトウキビ ——————————— 19
セイバンモロコシ ——————— 19
イヌシバ ——————————— 20
オキナワツゲ ————————— 20
シマムラサキツユクサ —————— 21
ムラサキオモト ————————— 22
インドボダイジュ ——————— 23
ベンガルボダイジュ ——————— 24

アコウ ——————————— 25
ムラサキソシンカ ——————— 26
コバノセンナ ————————— 27
アカリーファ ————————— 28
ククイノキ ——————————— 29
ヨウシュコバンノキ ——————— 30
パッションフルーツ（クダモノトケイソウ）— 31
ゲッキツ ——————————— 32
エノキアオイ ————————— 33
ウッドローズ ————————— 34
ハナチョウジ ————————— 35
コダチヤハズカズラ ——————— 36
ヤハズカズラ（タケダカズラ）—— 37
ローレルカズラ ————————— 38
タイワンモミジ ————————— 39
コトブキギク ————————— 40
オオバナセンダングサ —————— 41
センニチノゲイトウ ——————— 41
アリアケカズラ ————————— 42

Part:2 海岸の植物

スパイダーリリー ——————— 44
クサスギカズラ ————————— 45
シノブボウキ ————————— 45
クロイワザサ（スナザサ）———— 46
ハブソウ ——————————— 47
コマツヨイグサ ————————— 47
ミルスベリヒユ（ハマスベリヒユ）— 48

島の子供たち

小港の海岸林

ツルナ	49
ヨルガオ	49
ナンバンギセル	50

Part:3 希少植物

ムニンヤツシロラン	52
セキモンスゲ	53
シマカモノハシ	53
テリハニシキソウ	54
ムニンゴシュユ	54
マルバケヅメグサ	55
ムニンノキ	56
ゴバンノアシ	57
ムニンホオズキ	57
シマカコソウ	58

Part:4 シダ植物

ミズスギ	60
コブラン	60
イワヒバ	61
コヒロハハナヤスリ	62
ノコギリシダ	63
コクモウジャク	64
オオイワヒトデ	65
コキンモウイノデ	66

Part:5 山地の植物

リュウキュウマツ	68

サルトリイバラ	69
コクラン	70
クロツグ	71
ハラン	72
ムニンクロガヤ	72
クロヨナ	73
ムニンナキリスゲ	74
ヒゲスゲ	75
ヒメアオスゲ	76
オガルガヤ	77
ルビーガヤ（ホクチガヤ）	78
キンチョウ	79
キダチキンバイ	80
ワニグチモダマ	81
コバナヒメハギ	82
ヒメマサキ	83
ヒメフトモモ	84
ヤエヤマコクタン（リュウキュウコクタン）	85
リュウキュウガキ	86
オガサワラモクレイシ	87
ムニンヤツデ	88
シマホザキラン	89

おわりに	90
索引	91
用語解説	94

母島石門の森林

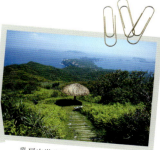
乳房山遊歩道より南を望む

3

小笠原の植物の現状

(1) 世界自然遺産の課題

　小笠原諸島は 2011 年 6 月に世界遺産に登録された。自然遺産の指定を継続するためにはアカギ、トキワギョリュウ（トクサバモクマオウ）をはじめ侵略的外来種の駆除を条件づけられた。これを機に各関係機関はトキワギョリュウ、アカギ、ギンネム他の駆除に乗りだした。伐採、薬による枯殺などにより駆除事業を実施している。外来種は根強いものが多く、なかなか思うような成果は上がっていない。しかし、官民そろって現在も駆除事業をつづけている。

(2) 絶滅危惧種

　絶滅危惧種にも火急の問題が山積している。コヘラナレン（Ⅱ・P39）とシマホザキラン（Ⅲ・P89）はこの世から消えて行くのも時間の問題かも知れない。この 2 種ほどではないが、激減している種はコバトベラ、ウチダシクロキをはじめ 20 種をくだらない。保護することは行われているが増殖はあまり進んでいない。

【絶滅危惧種カテゴリー】
・IA 類　CR　Critically Endangered
　ごく近い将来、野生での絶滅の危険性がきわめて高い種
・IB 類　EN　Endangered
　IA 類ほどではないが、
　近い将来野生での絶滅の危険性が高い種
・Ⅱ類　VU　Vulnerable
　絶滅の危険が増大している種

(3) 外来種の侵入

　世界自然遺産登録を境に島を訪れる人は登録前の2倍弱に増えた。人が多数来島すると何が起こるのか。草本植物の外来種の侵入が目立っている。植物だけではなく動物でも同様なことが起こっている。侵略的外来種が帰化することにより、生態系に変化を来たし在来種が圧迫されて行く状況が見られる。

　外来種侵入の一つのルートは、島に訪れる人々の履物や手荷物などに種子が付着していて、島の中に落とされる。竹芝で乗船時に水を含んだマットで靴底を拭くことが行われている。これは外来種侵入防止の一助となっている。私を含め一人ひとりが自然にストレスを加えないよう心して行きたい。

絶滅危惧種・コヘラナレン

絶滅危惧種・シマホザキラン

【参考図書】

学名、和名は下記三点に依った。
・日本の野生植物 1 ～ 5（平凡社）
・日本産シダ植物標準図鑑Ⅰ、Ⅱ　海老原淳・著（学研）
・植物分類表　大場秀章・編　（アボック社）

園芸植物の植物名は下記書籍に依った。
・世界有用植物事典（平凡社）
・最新園芸大辞典 1 ～ 13（誠文堂新光社）
・EXOTICA　series4.vol1,2
・他

父島への外来種導入時期は「小笠原の植生並熱帯有用植物に就て」豊島恕清・著
昭和 13 年 3 月 31 日発行、農林省林業試験場 に依った。

本書は従来のエングラーの分類体系でなく、
分子系統学に立脚した APG* による分類体系に準じた。*Angiosperm Phylogeny Group

Part:1
人里の植物

ナンヨウソテツ	*Cycas circinalis*	ベンガルボダイジュ	*Ficus benghalensis*
ソテツ	*Cycas revoluta*	アコウ	*Ficus superba var.japonica*
モンステラ	*Monstera deliciosa*	ムラサキソシンカ	*Bauhinia purpurea*
ビョウタコノキ	*Pandanus utilis*	コバノセンナ	*Cassia coluteoides*
オオバセンボウ	*Curculigo recurvata*	アカリーファ	*Acalypha wilkesiana*
トックリヤシ	*Mascarena lagenicaulis*	ククイノキ	*Aleurites moluccana*
トックリヤシモドキ	*Mascarena verschaffeltii*	ヨウシュコバンノキ	*Breynia disticha*
マニラヤシ	*Veitchia merrillii*	パッションフルーツ	*Passiflora edulis*
コモチクジャクヤシ	*Caryota mitis*	ゲッキツ	*Murraya paniculata*
コガネタケヤシ	*Chrysalidocarpus lutescens*	エノキアオイ	*Malvastrum coromandelianum*
ダンドク	*Canna indica*		
ユスラヤシ	*Archontophoenix alexandrae*	ウッドローズ	*Merremia tuberosa*
ダンチク	*Arundo donax*	ハナチョウジ	*Russelia equisetiformis*
アイダガヤ	*Bothriochloa glabra subsp. haenkei*	コダチヤハズカズラ	*Thunbergia erecta*
		ヤハズカズラ	*Thunbergia alata*
ナピアグラス	*Pennisetum purpureum*	ローレルカズラ	*Thunbergia laurifolia*
サトウキビ	*Saccharum officinarum*	タイワンモミジ	*Polyscias fruticosa*
セイバンモロコシ	*Sorghum halepensis*	コトブキギク	*Tridax procumbens*
イヌシバ	*Stenotaphrum secundatum*	オオバナセンダングサ	*Bidens pilosa ver.radiata*
オキナワツゲ	*Buxus liukiuensis*	センニチノゲイトウ	*Gomphrena celosioides*
シマムラサキツユクサ	*Zebrina pendula*	アリアケカズラ	*Allamanda cathartica*
ムラサキオモト	*Tradescantia discolor*		
インドボダイジュ	*Ficus religiosa*		

ナンヨウソテツ

Cycas circinalis
・南洋蘇鉄（帰化種）
・ソテツ科

樹高はやや高い。葉は羽状複葉で2mぐらい、基部には鋭い刺が多数ある。葉身はソテツより軟らかく艶があり、やや弧状に曲がる。小葉もソテツより幅広く長い。かつての民家跡などに残っている。フィリピン以南に分布。

父島南部の旧集落跡に残る。

ソテツ

Cycas revoluta
- 蘇鉄（帰化種）
- ソテツ科

丈はナンヨウソテツよりは低い。葉は羽状複葉で1.5 mくらい。ナンヨウソテツより硬く弧状に曲がらない。小葉は細く先端は鋭い。島では墓地に植えられている。九州南部、琉球に自生。1908年以前に導入。

屋敷の庭や墓地に生える。

Part:1 人里の植物

モンステラ（ホウライショウ）

Monstera deliciosa
・鳳莱蕉（帰化種）
・サトイモ科

太い茎が樹木に付着してよじのぼる。多年生蔓植物。高さ数mになる。数十cmの丈夫な葉柄に長さ1m、幅70cm前後の楕円形の葉身を展げる。全縁または羽状に中裂、葉脈の間には大きな穴がある。花は水芭蕉のような肉穂花序＊、果実は完熟したものは生食する。メキシコ、中央アメリカ原産、デンシンランともいう。1908年に導入。

＊花序の中心軸が多肉になるもの。

奇怪な植物
（英名 monster）
という。

ビョウタコノキ（アカタコノキ）

Pandanus utilis
- 美葉蛸の木
 （帰化種）
- タコノキ科

高さ7mぐらい、単幹であまり枝分かれしない。支柱根は根元に集まってつき、短い。葉は50〜100cm、弧状に垂れ下がらない。集合果は球形、太い果柄に垂れ下がってつく。核果*は多数、核果の落ちた後の白いマットは甘味がありオガサワラオオコウモリが食べに来る。1913年導入。マダガスカル原産。
＊内果皮が木質化したもの

葉の裏や主脈の裏の刺が赤い。

オオバセンボウ（オオキンバイザサ）

Curculigo recurvata
- 大葉仙茅
 （大金梅笹）
 （帰化種）
- キンバイザサ科

常緑の塊茎をもつ多年草。根生葉は長い柄に70cm余りの幅広の線状披針形の葉身は外曲し縦じわがあり、先端は尖る。花は黄色、根ぎわに咲く。住宅付近で見られる。熱帯アジア、オーストラリア原産。

均整のとれた葉が美しい。

Part:1 人里の植物　11

トックリヤシ

Mascarena lagenicaulis
・徳利椰子（帰化種）
・ヤシ科

高さ3〜5m基部が肥大して徳利のような形をしている。葉は羽状複葉約2m。モーリシャス諸島原産。

徳利が
ずらりと
並ぶ道の辺。

トックリヤシモドキ

Mascarena verschaffeltii
・徳利椰子擬き（帰化種）
・ヤシ科

高さ7〜8mになる。基部は肥大しないが幹の中程がやや肥大する。モーリシャス諸島原産。

端正な椰子の並木。

マニラヤシ

Veitchia merrillii
- マニラ椰子
  （帰化種）
- ヤシ科

幹は単一に直立し、あまり太くはない。葉は1.5mぐらいの羽状複葉。果実は鮮紅色で4cmほどの大きさ。マニラでは並木や庭園に植えられている。園地や住宅周りに所々見られる。フィジー、フィリピン原産。

紅い実が美しい。

スタイルも均整が
とれている。

Part:1 人里の植物

コモチクジャクヤシ

Caryota mitis
- 子持孔雀椰子（帰化種）
- ヤシ科

樹高7〜8mになりよく株立ちする。根際から稚樹を多数出す。葉は2回羽状複葉2m前後。灰緑色。島内のやや湿った林内で見られる。熱帯アジア、ビルマ原産。1909年に導入。

葉は孔雀の羽に似るという。

コガネタケヤシ（アレカヤシ）

Chrysalidocarpus lutescens
- 黄金竹椰子
（帰化種）
- ヤシ科

根元で分岐して株立ちになる。幹は太くはない。落葉した跡が竹の節に似ている。葉は長い柄をもつ羽状複葉で小葉は細く淡緑色。人家の周りや園地にある。山地にも生えている。マダガスカル島原産。

幹は竹に似て、葉は椰子。

Part:1 人里の植物

ダンドク

Canna indica
・壇特（帰化種）
・カンナ科

庭先や道端などに群生している。根茎をもつ多年生草本。カンナに似ているが花はカンナより細長く赤色。住宅の周りで見られる。関東以西、沖縄に分布。インド原産。

カンナの諸品種の原植物の一つ。

ユスラヤシ King Palm（英）

Archontophoenix alexandrae
・帰化種
・ヤシ科

単幹の大型ヤシ、高さ10mほど（現地では20〜30m）、葉は羽状複葉で2〜3m、表面は濃緑色、裏面は灰白色。花序はやや下垂、果実は小さく熟すると赤くなる。オーストラリア原産。

集落でも見られるが、袋沢に多数ある。

ダンチク

Arundo donax
- 暖竹、葭竹
- イネ科

高さ3mぐらい、葉は長さ50cm以上で幅広。粉緑色で先端は尖る。花は10月頃に咲く。円錐花序で白っぽく数十cm。道沿いや荒地に生育。琉球、小笠原に分布。中国南部、インドに分布。

大きなススキに似る。

Part:1 人里の植物

アイダガヤ

Bothriochloa glabra subsp. haenkei

・(帰化種)
・イネ科

40〜50cmに伸びるイネ科の植物で花序は黄色。30年程前から父島に帰化した。セイバンモロコシと並び路傍を占拠する両雄である。根は頑丈で抜きとるのが困難。兄島をはじめ属島に入り始めている。散布力も強く手強い侵略的外来種の一つである。返還後に侵入。琉球、小笠原に分布。

穂が出揃った時だけは綺麗。

ナピアグラス Napier grass（英）

Pennisetum purpureum,
Napier grass（英）

・(帰化種)
・イネ科

草丈3〜4m、叢生する。葉は細長く40〜60cm。10月頃に穂を出す。淡黄色の円錐花序は細い円柱形で長さ15cm。道沿いで見られる。熱帯アフリカ原産、家畜の飼料として広く利用されている。

草丈は高く細長い花序が目立つ。

サトウキビ

Saccharum officinarum
・砂糖黍(甘藷)
・イネ科

砂糖の原料となる栽培種で暖地で広く栽培される。中国やインドではカラサトウキビやホソサトウキビが栽培されている。小笠原では第二次大戦前には栽培されていた。

母島では所々で野生化している。

セイバンモロコシ

Sorghum halepensis
・生蕃唐黍(帰化種)
・イネ科

葉は幅広く平滑で、高さは150cm以上になる。花序は大きく、うなだれる。根は太く横に這う。道路際に一面に広がる。以前は道路周辺はヒゲシバ類が占めていたが、現在はセイバンモロコシとアイダガヤに入れ替わった。世界の熱帯、亜熱帯に広く分布。

刈っても刈っても出てくる道端の王者。

Part:1 人里の植物

イヌシバ

Stenotaphrum secundatum
・犬芝（帰化種）
・イネ科

多年草。匍匐枝を四方に広げる。稈は偏平、直立枝は 20 〜 30㎝、葉は線形で長さ 5 〜 20㎝幅はやや広く先端は鈍頭。穂は腋生または頂生。造成地の法面の土留めやお祭り広場の芝生に使われている。九州に帰化、小笠原には返還後導入し帰化。大西洋熱帯域の海岸に分布。

法面の土止めによく使われている。

オキナワツゲ

Buxus liukiuensis
・沖縄柘植（帰化種）
・ツゲ科

大きなものは高さ数m、幹は灰白色。枝は角張る。葉は対生で革質。日本のツゲより葉が大きい。明治時代に導入された。父島では人家付近で見られる。弟島にも少数ある。北硫黄には大きなものが多い。1905 年以前に導入。

枝葉が落ち着いている。

20　Part:1 人里の植物

シマムラサキツユクサ

Zebrina pendula
- 博多唐草
 (帰化種)
- ツユクサ科

農園の周りや人家の庭で見られる。匍匐して地面に広く展開する。葉は紫色に灰白色の線状斑が入り、シマウマのような模様である。メキシコ原産。

適地があると一面に広がる。

Part:1 人里の植物

ムラサキオモト

Tradescantia discolor
- 紫万年青
  (帰化種)
- ツユクサ科

常緑の多年草で茎は短く葉は披針形で茎に密に生える。表面は緑色で裏面は鮮やかな紫で美しい。公園や住宅の周りに植栽されている。山地にも野生化した群落がある。

山地の群生は圧巻である。

インドボダイジュ

Ficus religiosa
- 印度菩提樹（帰化種）
- クワ科

常緑高木、釈迦が悟りを開いた仏教の聖樹。葉は革質で平滑。広卵形で先端は尾状に伸びる。葉柄は 10cm 余り。気根を垂らし大木となる。お祭り広場、他にある。インド、スリランカ原産。

釈迦が悟りを開いた木として有名。

ベンガルボダイジュ

Ficus benghalensis
- Bengal 菩提樹（帰化種）
- クワ科

常緑高木。枝を多数広げる。気根を下ろす。葉は卵形で大きく葉身は 20cm 程、艶があり革質。葉柄は太く短い。果実は球形、葉腋につき赤熟する。父島では園地及び他にもある。スリランカ、インド原産。

沢山の気根を出し大木となる。

アコウ

Ficus superba var.japonica
・赤榕（赤秀）（帰化種）
・クワ科

大木で四方に枝を広げる。幹からは多数の気根を出す。葉柄はやや長く互生。葉身は10数cm。長楕円形、枝にはこぶ状の実（花のう）をつける。園地の他少数見られる。紀伊半島、九州、琉球に自生。中国南部、インド原産。

枝につく
赤い実が特徴。

3種のイチジクの葉。
3種のイチジク属はお祭り広場にある。
　左からインドボダイジュ、
　ベンガルボダイジュ、アコウ。

Part:1 人里の植物

ムラサキソシンカ

Bauhinia purpurea
・紫蘇芯花、紫羊蹄甲（帰化種）
・マメ科

高さ4mぐらい。葉はやや広い心形でほぼ二股に分かれ、羊蹄に似る。葉腋に3〜4個の花をつける。紅紫色でやや大きい。花色は変化がある。インド、ビルマ原産。ムラサキモクワンジュともいう。

年により多数の花をつけ、美しい。

コバノセンナ

Cassia coluteoides

・小葉のセンナ
　（帰化種）
・マメ科

庭先や広場などで散見される花木。低木で枝を沢山出す。葉は偶数羽状複葉。季節を問わず鮮やかな黄色の花をつける。1904年導入。

ほぼ周年、黄花をつけ、周囲を明るくする。

Part:1 人里の植物　27

アカリーファ

Acalypha wilkesiana
Copper Leaf（英）
・（帰化種）
・トウダイグサ科

常緑低木、葉は青銅緑色〜赤銅色。長卵形10〜20cm、先端尖る。花は約20cmの穂状花序*赤色。変種や園芸品種が多い。庭や園地で見られる。1880年導入。

*花序の中心軸が多肉になるもの。1908年に導入。

小笠原で10品種くらい栽培されている。

ククイノキ

Aleurites moluccana
Kukuinut（ハワイ）
・石栗（帰化種）
・トウダイグサ科

亜熱帯で広く植栽されている高木。幹の上部で大きく枝を広げる。葉柄は長く葉身は浅く三裂し、葉裏は灰白色、花は白色。種子からは油を採取。殻は固く装飾品の材料となる。園地等で少し見られる。マレー半島原産。1898年導入。

kukui は光、明の意味。
ナッツの油を灯に用いた。

Part:1 人里の植物　29

ヨウシュコバンノキ

Breynia disticha
- 洋種小判の木
  （帰化種）
- コミカンソウ科

1〜2mの常緑低木。多数分枝する。小枝は屈曲する。葉は卵形。鈍頭3〜5cm。緑の葉面に白い斑点がある。（Snow bush 英名）葉の先端や新葉は紅色となる。近頃は少なくなったがかつては生垣に使われていた。南洋諸島原産。1913年導入。

手を加えるときれいな生垣になる。

パッションフルーツ（クダモノトケイソウ）

Passiflora edulis
・果物時計草
　（栽培）
・トケイソウ科

常緑蔓性の多年生草本。蔓は角ばり数 m 以上に伸びる。葉柄は 2cm。葉は深く三裂する。葉柄と対に巻きひげがあり、からみつく。果実は卵形で果皮は厚い。熟すると濃い赤紫になる。西洋人は花の形が多数の花糸（荊）に囲まれた十字架と見て受難（Passion）の花と見做した。日本ではその形が時計に似ているので時計草とした。南米原産。1906年導入。

とても美味なフルーツ。

時計と見るか
Passion と見るか。

Part:1 人里の植物

ゲッキツ

Murraya paniculata
- 月橘、九里香（漢名）（帰化種）
- ミカン科

分岐の多い常緑の低木。葉は奇数羽状複葉。小葉は数枚。深緑色で光沢がある。花は白色で芳香がある。庭先に植栽されている。琉球に分布。東南アジアに分布。

沢山の花をつけ、夜によく匂う。

エノギアオイ

Malvastrum coromandelianum
・榎葵（帰化種）
・アオイ科

多年草、茎は木質化、高さ数十cm、葉は数cm不整鋸歯でざらつく。花は小さく葉腋につき淡黄色。父島では路傍で見られる。熱帯アメリカ原産。琉球、小笠原に帰化。

昼を過ぎる頃に咲く。

Part:1 人里の植物

ウッドローズ

Merremia tuberosa
・(帰化種)
・ヒルガオ科

多年生つる植物。つるは 20m 以上伸びる。葉は互生 5 〜 7 深裂。花は葉腋に 1 〜 3 個つく。漏斗状の合弁花で黄色。花の終わったあと萼片が花を包んだまま大きくなり、乾燥して広がり硬いバラの花のようになる (Wood Rose)。道際で見られる。熱帯アメリカ原産。

木質化したウッドローズは現地では装飾品に加工する。

ハナチョウジ

Russelia equisetiformis
・花丁子（帰化種）
・オオバコ科

常緑の小低木。枝は四稜緑色でやや垂れ下がる。葉は退化して小さい。暖かい時期には紅い花が咲き続ける。道路沿いや民家の庭などで散見される。メキシコ原産。1906年導入。

冬期を除き咲き続ける。

Part:1 人里の植物

コダチヤハズカズラ

Thunbergia erecta
- 木立矢筈蔓
 （帰化種）
- キツネノマゴ科

直立の低木1〜2m、根元から多数の枝を出し広がる。葉は対生、卵形で先端は尖る、全縁。花は葉腋から1花、5〜6cmの長い苞で被われ花冠は漏斗形。花は紫色少し彎曲し内部は黄白色。生垣に使われる。熱帯アフリカ原産。

美しい紫の花を続けて咲かせる。

ヤハズカズラ（タケダカズラ）

Thunbergia alata
・矢筈蔓（帰化種）
・キツネノマゴ科

多年生のつる植物。つるは1〜2m伸びる。葉柄は長く翼がある。葉は心形無毛。花は腋生。花柄に一つずつ咲く、花冠はクリーム色。中央は黒紫色。路傍でよく見られたが最近は少ない。南アフリカ原産。1909年養蜂の蜜源として武田が導入。

千尋（ハートロック）入口付近に多い。

Part:1 人里の植物

ローレルカズラ

Thunbergia laurifolia
・(帰化種)
・キツネノマゴ科

木本性つる植物、つるは 10m に達する。葉は対生でやや長い柄に 10cm 余りの披針形の葉身を広げる。この形がローレルの葉に似ている。基部は3脈が目立つ。花は淡青色、奥は白い。道際で見かける。ビルマ、マレー半島原産。1909 年に導入。

花は大きく、
色は薄紫〜淡青色。

38　Part:1 人里の植物

タイワンモミジ

Polyscias fruticosa
- 台湾紅葉
 （帰化種）
- ウコギ科

高さ2～4m、径2～3cmの細い幹が叢生する。葉は互生、太い葉軸は30～50cm。小葉は対生2～3回羽状複葉。細い葉が多数つき葉縁は突起状の鋸歯。生垣などに利用される。かつてはハゴロモタラノキといわれていた。インド～ポリネシアに分布。1904年導入。

新芽を刺身のつまにする。

コトブキギク

Tridax procumbens
・寿菊（帰化種）
・キク科

多年生草本。茎は分枝して地面に広がる。粗い毛が多い。葉は対生 4 〜 6cmで粗い鋸歯がある。頭花は 10 〜 20cm、長い柄の先につく花は黄色。空地があると広がる。根が頑丈で駆除が困難。荒地や砂地に多い。本州太平洋岸〜琉球に分布。熱帯アメリカ原産。

咲き始めの
白花は美しいが、
なかなかの強者。

オオバナセンダングサ

Bidens pilosa var.radiata
・大花鬼針草（帰化種）
・キク科

大型の草本で高さ30〜100cm、茎は紫色で四陵、倒れると地表を這う。葉は奇数羽状複葉で小葉は3〜5枚、舌状花は白色で大きい。空地があると一年もすると広がり侵略性が強い。四国、九州南部〜琉球に分布。熱帯アメリカ原産。

花はやや大きくきれいだが、やはり強者。

センニチノゲイトウ

Gomphrena celosioides
・千日野鶏頭（帰化種）
・ヒユ科

多年草。全体に灰白色の毛が多い。茎は斜上または匍匐し、多数分枝する。葉は楕円形長さ2〜5cm全縁。花序は頂生し、1cmほどの球形で白色。路傍や荒地に生える。南アメリカ原産。

地面に咲き乱れる白花は美しい。

アリアケカズラ

Allamanda cathartica
・有明葛（帰化種）
・キョウチクトウ科

半つる状低木、葉は披針形、やや厚く革質。花は斜め上向きにつく。筒長の合弁花で花冠の先は五つに分かれる。生垣に用いられる。島ではバターカップと呼んでいる。ブラジル、ギアナに分布。

街中でもよく見られる。

Part:2
海辺の植物

スパイダーリリー	*Hymenocallis speciosa*
クサスギカズラ	*Asparagus cochinchinensis*
シノブボウキ	*Asparagus plumosus var. nanus*
クロイワザサ	*Thuarea involuta*
ハブソウ	*Senna occidentalis*
コマツヨイグサ	*Oenothera laciniata*
ミルスベリヒユ	*Sesuvium portulacastrum var. porutulacastru*
ツルナ	*Tetragonia tetragonoides*
ヨルガオ	*Ipomoea alba*
ナンバンギセル	*Aeginetia indica*

スパイダーリリー (spider lily)

Hymenocallis speciosa
・(帰化種)
・ヒガンバナ科

球根をもつ草本、葉は数十cmで根元から10枚ぐらい出る。花は白色で花被片は細長い。花の形状が蜘蛛 (spider) の足を広げたのに似る。智島の海岸に群生している。西インド諸島原産。

美しい花には毒がある（猛毒注意）。

Part:2 海辺の植物

クサスギカズラ

Asparagus cochinchinensis
・草杉蔓
・クサスギカズラ科

半つる性、茎は分岐し1m以上になる。周囲の植物にまとわりつき広く展開する。葉状枝*は葉腋に3〜5個つき、線状2cmぐらい。黄白色の花を多数つける。液果は白い。小港に多い。暖地の海岸に分布。
*葉状枝：葉のように見える扁平になった枝。

樹林の中で静かに花をつける。

シノブボウキ

Asparagus plumosus var.nanus
・忍簀、文竹（中）
・クサスギカズラ科

蔓植物、基部で多数分岐し、茎は1〜2mに伸びる。枝は細く多数。繊細な仮葉*を密生、花は白く小さい。液花は黒紫色。小港付近に多い。南アフリカ原産。1909年に導入。
*仮葉（偽葉）：葉柄が葉身と同じはたらきをするようになった葉。

葉は食用アスパラガスに似る。

Part:2 海辺の植物　45

クロイワザサ（スナザサ）

Thuarea involuta
・黒岩笹
・イネ科

海岸の砂地や岩場に広がり、全体に黄緑色、匍匐茎は数十cm、節々から根を出す。葉はやや太く2〜4cm。小笠原、琉球に分布。中国南部、熱帯に分布。

強い潮風にも耐え
端正な姿を崩さない。

ハブソウ

Senna occidentalis
・波布草（帰化種）
・マメ科

草丈は1m以上、葉は偶数羽状複葉。黄色の花が少数咲く。10cmほどの平べったい莢に小さな丸い種子が50個ほど入っている。以前は路傍や小港周辺で普通に見られた。漢方薬として使われる。熱帯アメリカ原産。1905年導入。

古い帰化植物。今は細々と残る。

コマツヨイグサ

Oenothera laciniata
・小待宵草（帰化種）
・アカバナ科

砂地を好む越年草。茎は地面を這うか斜上する。葉は倒披針形で縁は浅裂する。花は淡黄色。小笠原返還後、工事用の砂に混ざって帰化。南島に繁茂。本州、琉球に分布。北アメリカ原産。

可憐な花を咲かせるが、手強い侵略者。

ミルスベリヒユ（ハマスベリヒユ）

Sesuvium portulacastrum var.porutulacastrum
・海松滑莧
・ハマミズナ科

海岸の潮のしぶきをかぶる所にも生えている。肉質の多年草。茎は分岐して広がる。葉は対生で肉質。冬になると葉が紅くなる。淡紅色の小さな花が葉腋に一つずつつく。南島の海側の崖上に多い。琉球、小笠原に分布。

乾燥、潮風、台風にも耐え抜く。

ツルナ

Tetragonia tetragonoides
・蔓菜
・ハマミズナ科

各島の海岸に生えている。葉は厚く菱形状で表面はざらつく。茎は枝分かれして、地表に広く繁茂する。葉腋に黄色い花をつける。食可、砂地を好む。北海道南部〜琉球に分布。環太平洋一帯に分布。

おひたしにすると美味。

ヨルガオ

Ipomoea alba
・夜顔（帰化種）
・ヒルガオ科

常緑の蔓植物。周囲に広くはびこる。茎に刺があるが固くはない。葉は心形。花は花筒が長く、やや大きな漏斗形の花冠で白色。芳香がある。日が暮れて1時間ほどして咲き始める。以前は道路わきで見られたが少なくなった。熱帯アメリカ原産。

夜半に咲き乱れる姿はまさに妖精。

Part:2 海辺の植物　49

ナンバンギセル

Aeginetia indica
・南蛮煙管
・ハマウツボ科

小さな寄生植物。主にオガサワラススキの根元に生える。茎はほとんど地上に出ない。20cmぐらいの花柄を伸ばし、その先に花をつける。北海道〜琉球に分布。

その姿、格好はまさに煙管。

Part:3
希少植物

ムニンヤツシロラン	*Gastrodia boninensis*
セキモンスゲ	*Carex toyoshimae*
シマカモノハシ	*Ischaemum ischaemoides*
テリハニシキソウ	*Euphorbia hirta var.glaberrima*
ムニンゴシュユ	*Melicope nishimurae*
マルバケヅメグサ	*Portulaca psammotropha*
ムニンノキ	*Planchonella boninensis*
ゴバンノアシ	*Barringtonia asiatica*
ムニンホオズキ	*Lycianthes boninensis*
シマカコソウ	*Ajuga boninshimae*

ムニンヤツシロラン

Gastrodia boninensis
・無人八代蘭
　（固有種 EN）
・ラン科

春にずんぐりした褐色で数cmの植物が現れる。腐生植物で開花時には細い花茎が10cmほどに伸び、まもなく枯れる。生育地は3〜4年で見えなくなり、他の場所に現れる。父島、母島の林床に生える。

よく見ないと見落としそう。

セキモンスゲ

Carex toyoshimae
・石門菅
　（固有種 UV）
・カヤツリグサ科

株は叢生する。葉は有花茎＊よりも長く、幅広でざらつかない。母島中部の林内で見られる。父島にあるセキモンスゲに似たものはウミノサチスゲ（C.augustini）である。

＊地表面から伸びた葉をつけない茎で、先端に花や花序をつけるもの

石門へ行く途中に多い。

シマカモノハシ

Ischaemum ischaemoides
・島鴨嘴（国有種）
・イネ科

山地の陽地で、やや湿った所を好み群落状に広がる。高さ30cmの多年草。基部は分枝して広がる。葉は線状皮針形。花序は高く立ち上がり赤褐色。その先端は二つに割れる。この姿を鴨の嘴に喩えた。小笠原群島に分布。

日照と水分の両方を好む。

テリハニシキソウ

Euphorbia hirta var.glaberrima
・照葉錦草（EN）
・トウダイグサ科

多年生草本で根元は木質化する。全株無毛で岩場に生える。シマニシキソウと混生する。父島では一部しか生えていない。小笠原諸島に分布。

生殖的隔離か個体群内異変か（日本の野生植物）。

ムニンゴシュユ

Melicope nishimurae
・無人呉茱萸（国有種 VU）
・ミカン科

高さ2〜7mの常緑樹。葉は三出複葉で対生。小葉は濃い緑で厚く倒卵形で先端は円く、浅くへこむ。6月頃、枝先の葉腋に白い小花を多数つける。幹は白く目立つ。父島列島に分布。

林内で幹が白く目立つ。

マルバケヅメグサ

Portulaca psammotropha
・丸葉毛爪草
・スベリヒユ科

日当りのよい岩場に匍匐する小型草本。根茎は肥厚、葉は楕円形で、やや肉厚無毛。淡黄色の花をつける。小笠原諸島に分布。台湾、中国、フィリピンに分布。

強い耐乾性植物。花は黄色。

葉は多肉。

ヒメマツバボタン（ケツメクサ）
Portulaca pilosa 毛爪草

がれ場でよく見られる。

Part:3 希少植物

ムニンノキ

Planchonella boninensis
- 無人の木
  (国有種 EN)
- アカテツ科

高さ8mぐらいになる亜高木。幹が黒く林内で目立つ。葉は互生でやや厚く暗緑色。長楕円形で長さ20cm程。花は白色で小さい。果実は卵形で5cm余り。熟すると黄色くなる。うす甘く、かつては「山なし」と言って子供が食べたという。父島列島、母島列島に分布。

幹は黒。目立たない特徴のない木。

ゴバンノアシ

Barringtonia asiatica
- 碁盤の脚
 （帰化種 CR）
- サガリバナ科

常緑の亜高木で高さ 5 〜 6 m、枝を多数出す。葉は倒卵形で互生。長さ 40cm程。表面は艶がある。6 月頃開花。白い花弁は後に褐色に変わる。長いおしべが多数つき先の方は薄紫色になる。果実は四角形で、長さ幅共に 10cm余り碁盤の脚に似る。琉球に自生する。琉球で CR に指定されている。父島での生育良好。1900 年に導入。

大きな花が垂れ下がり美しい。

ムニンホオズキ

Lycianthes boninensis
- （固有種 EN）
- ナス科

多年草、茎は 1 m ぐらいになり無毛。長い葉柄に 10cmほどの卵状楕円形の葉をつける。葉腋に白花をつける。液果は丸く赤熟する。疎林に生える。個体数は少ない。母島中部の林内に生える。

林内にひっそりと生える。

Part:3 希少植物

シマカコソウ

Ajuga boninshimae
・島夏枯草
　（固有種 EN）
・シソ科

日当りがよく湿った所に生える。茎は根元から四方に広がる。葉は有柄で楕円形。縁には低い鋸歯がある。花は白色で多数つく。夏枯草であるが小笠原では夏に葉を落とさない。小笠原群島に分布。

春先に一斉に
美しい白花をつける。

Part:4
シダ植物

ミズスギ *Lycopodiella cernua*
コブラン *Ophioglossum pendulum*
イワヒバ *Selaginella tamariscina*
コヒロハハナヤスリ *Ophioglossum petiolatum*
ノコギリシダ *Diplazium wichurae var.wichurae*
コクモウクジャク *Diplazium virescens*
オオイワヒトデ *Leptochilus neopothifolius*
コキンモウイノデ *Ctenitis microlepigera*

ミズスギ

Lycopodiella cernua
・水杉
・ヒカゲノカズラ科

林内や路傍の湿気のある所に生える。葡萄茎は不規則に分岐して広がり、針状の葉を密につける。所々に直立茎を出し先端に胞子のうをつける。北硫黄島の3万坪には緑の絨毯のように広く生育している。本州〜琉球に分布、熱帯、亜熱帯に分布。

繊細で美しいシダ。

コブラン

Ophioglossum pendulum
・昆布蘭（EN）
・ハナヤスリ科

樹冠や樹幹に着生して垂れ下がり昆布のような姿である。母島の石門一帯の森で見られたが1983年の強い台風で、殆どの樹冠がとばされ、それ以降見られなくなったが、ここ数年母島の所々で見出されている。屋久島、琉球にもある。中国、インド、東南アジアに分布。

老木の樹幹を探そう。

イワヒバ

Selaginella tamariscina
・岩檜葉
・イワヒバ科

葉に多数の根が絡まり仮幹をつくり 10cm ほどの高さになる。その先端にやや硬い葉を広げる。通常、湿った岩上に生える。小笠原では礫まじりの土にも生える。乾燥に強く、葉を内側に巻き込み耐える。小笠原群島に分布。海南島、台湾、ベトナム、フィリピンに分布。

葉の形がヒバ（アスナロ）の葉を連想させる。

Part:4 シダ植物

コヒロハハナヤスリ

Ophioglossum petiolatum
・小広葉花鑢
・ハナヤスリ科

胞子葉と栄養葉が基部で一体化した独特の形態をしている。海辺の砂浜から山麓にかけて群生する。各島で見られる。南島では6月頃に簇生する。本州、四国、九州、琉球に分布。

地面から槍のような姿で現れる。

ノコギリシダ

Diplazium wichurae var.wichurae
・鋸羊歯
・メシダ科

コクモウクジャクと同じような環境に群生している。葉は一回羽状複葉、革質下部の側羽片は鎌のように曲がり辺縁に鋭い鋸歯がある。この形が鋸に似ているので鋸羊歯という。小笠原諸島では母島にだけ分布。本州から琉球まで分布。

羽片の上側が鋸に似る。

Part:4 シダ植物 | 63

コクモウクジャク

Diplazium virescens
・黒毛孔雀
・メシダ科

母島中部のやや湿った林床に群生している。根茎は横に這い黒い鱗片がつく、葉柄はやや長く藁色。葉身は丸味のある三角形状で2回羽状複葉。小笠原群島では母島にのみ生育。中国、東南アジアに分布。

母島中部の林床で群落をつくる。

オオイワヒトデ

Leptochilus neopothifolius
・大岩海星
・ウラボシ科

根茎は長く這う。葉は1回羽状複葉で頂羽片がある。長さ50〜70cm、幅30〜50cm、側羽片は5〜10対、黄緑色で紙質、ソーラスは線形、湿潤な林床や谷筋に生える。母島ではよく見かけるが父島では少ない。中国南部、タイ、インドネシアに分布

線形の胞子のう群が目立つ。

人の手を開いた形にも似るという。

コキンモウイノデ

Ctenitis microlepigera
- 小金毛猪の手
 (国有種 EN)
- オシダ科

山中のひび割れの多い岩の崖などに生える。日照が強く乾燥するようだが、生育地は霧が多く適度な水分が保たれている。葉は草質、裏面は淡緑色で毛が多い。三角状で2回羽状複葉。

長らく幻のシダだった。

Part:5

山地の植物

リュウキュウマツ	*Pinus luchuensis*
サルトリイバラ	*Smilax china*
コクラン	*Liparis nervosa*
クロツグ	*Arenga engleri*
ハラン	*Aspidistra elatior*
ムニンクロガヤ	*Gahnia aspera*
クロヨナ	*Pongamia pinnata*
ムニンナキリスゲ	*Carex hattoriana*
ヒゲスゲ	*Carex boottiana*
ヒメアオスゲ	*Carex discoidea*
オガルガヤ	*Cymbopogon tortilis*
ルビーガヤ	*Melinis repens*
キンチョウ	*Kalanchoe tubiflora*
キダチキンバイ	*Ludwigia octovalvis*
ワニグチモダマ	*Mucuna gigantea*
コバナヒメハギ	*Polygala paniculata*
ヒメマサキ	*Euonymus boninensis*
ヒメフトモモ	*Syzygium cleyerifolium*
ヤエヤマコクタン	*Diospyros egbertwalkeri*
リュウキュウガキ	*Diospyros maritima*
オガサワラモクレイシ	*Geniostoma glabrum*
ムニンヤツデ	*Fatsia oligocarpella*
シマホザキラン	*Crepidium boninense*

リュウキュウマツ

Pinus luchuensis
・琉球松（帰化種）
・マツ科

明治33年（1900年）移入。当時は燃料や野菜出荷用の箱材として用いられた。第二次大戦後、軍道跡や放棄された畠跡を中心に急激に増え、森の中へも入りはじめた。侵略的外来種の一つ。トカラ列島以南の琉球に分布。

本来、松は海洋島にはない。

サルトリイバラ

Smilax china
・菝葜
・サルトリイバラ科

蔓性の常緑植物で、葉はやや大きく卵円形で革質、全縁。巻髭を周囲の木の枝にからませて茎を伸ばす。茎には刺がない。本州のものは刺があり、冬は落葉する。小笠原のものは常緑なのでトキワサルトリイバラともいう。

刺がなく猿をとれるかな。

Part:5 山地の植物

コクラン

Liparis nervosa
・黒蘭（帰化種）
・ラン科

葉は広楕円形、先端やや尖る。葉面にはしわがあり葉脈が目立つ。20cmぐらいの花茎を出し、黒紫色の小さな花を数個つける。父島では10数年前より全域に殖えている。福島以南に分布。1905年以前に導入。

ラン科では珍しく、繁殖力が強い。

クロツグ

Arenga engleri
- 桄榔（帰化種）
- ヤシ科

よく株立ちし高さは4mぐらい。葉は根生するものと幹から出るものがあり、後者の方が大きい。葉柄は1mぐらい。葉身は2m程。羽状複葉で小葉は革質、深緑色で光沢がある。裏面は灰白色。花は長い柄があり多数の黄花を密生し芳香がある。熱帯、亜熱帯に分布。

山にも里にも生える椰子。

ハラン

Aspidistra elatior
・葉蘭（帰化種）
・クサスギカズラ科

根茎が横に這い、節々から濃い緑で光沢のある葉を出す。葉身は長さ50cm以上になり幅広。花は地表に咲く。日陰に生える。九州南部に分布する。1905年以前に導入。

葉には線状のしわがある。

ムニンクロガヤ

Gahnia aspera
・無人黒茅
・カヤツリグサ科

大型の多年草。葉は多数根生し長さ50〜100cm、線状で細い。花序は円錐形で20〜30cm。実は倒卵形、稜があり長さ5mm、黒褐色で光沢がある。乾いた草原に多い。小笠原諸島、太平洋諸島、オーストラリアに分布。

強い繊維で、昔はアンカーロープをつくったという。

クロヨナ

Pongamia pinnata
・(帰化種)
・マメ科

亜高木高さ 10 m 木肌は滑らか。枝を多数出し繁る。葉は奇数羽状複葉、長さ 30㎝。小葉は 3 ～ 5 枚広卵形で深緑色長さ 10㎝。花序は葉腋につき花は淡紅色。豆果は灰褐色。熟しても裂開せず種は1個。清瀬周辺に多く、繁殖力は強い。屋久島、琉球に分布。アジア、オーストラリアの熱帯に分布。

枝葉多く、大きな日陰をつくる。

Part:5 山地の植物

ムニンナキリスゲ

Carex hattoriana
・無人菜切菅（国有種）
・カヤツリグサ科

株は叢生する。葉は細長く数十cmになり弧状に曲がる。葉の裏面はざらつく。有花茎は葉よりも長い。果胞は丸くはない。父島では林縁や林内に多い。母島には少ない。

葉縁が鋭く、菜を切れる？

ヒゲスゲ

Carex boottiana
- 鬚菅
- カヤツリグサ科

海岸性の植物であるが、山地でも普通に見られる。株は叢生し葉は硬くやや幅広でざらつく。1〜2月頃開花、白花が目立つ。有果茎はあまり長くない。果胞は丸味がある。本州、四国、九州に分布。

葉はごわごわ、白花は美しい。

ヒメアオスゲ

Carex discoidea
・姫青菅
・カヤツリグサ科

小型のスゲで 10 数cm。叢生し広く展開する。半日陰で水気のある所を好む。葉は有花茎よりも少し長い。本州、四国、九州に分布。

小さなスゲ。芝生のように広がる。

オガルガヤ

Cymbopogon tortilis
・雄刈茅
・イネ科

多年草。稈は直立。高さ数十cm、葉は線形で長い。夏頃20〜30cmの花序をつける。葉を揉むとレモン草のような芳香がある。開けた草地で散見される。本州、琉球、小笠原に分布。

周りの草より、飛び抜けて高い。

Part:5 山地の植物 | 77

ルビーガヤ（ホクチガヤ）

Melinis repens
・火口茅（帰化種）
・イネ科

茎は叢生し茎の下部は紫色。葉は両面とも無毛。種には軽くて軟らかい毛が多数つき、風により広く散布する。数年前に兄島に侵入。父島でも少し見られるようになった。蔓延が心配される外来種の一つ。硫黄島には大きな草原がありルビー色に輝いている。

やさしくきれいな草花であるが、恐ろしい。

キンチョウ

Kalanchoe tubiflora
・錦蝶（帰化種）
・ベンケイソウ科

多肉草本、茎は直立 10 〜 15cm、全株灰緑色。葉は円筒形、浅い溝があり紫褐色の斑点がある。若い株の葉は緑色。父島の道路の岩石の多い法面に多数生える。マダガスカル原産。

劣悪な環境をものともせず生きている。

キダチキンバイ

Ludwigia octovalvis
・木立金梅
・アカバナ科

茎は直立し高さ1m以上になる。葉はほぼ線形で先は尖る。花は4弁で黄色。湿潤地を好む。高知、琉球に分布。

沢筋を歩くと出会う。

ワニグチモダマ

Mucuna gigantea
・鰐口藻玉
・マメ科

つる性の木本、数m以上につるを四方に延ばし、樹木を被う。葉は三出複葉、花序は10〜20cmの長い柄で下垂する。花序には20〜30個の花がつき色は淡黄緑色。豆果*には2〜4個の種子がある。小笠原、琉球に分布。インド、東南アジア、太平洋諸島に分布。
*乾果の一種、背腹両側で裂開するもの。マメ科の果実では一般。

この花に初めて会うと足が止まる。

コバナヒメハギ

Polygala paniculata
- 小花姫萩
  （帰化種）
- ヒメハギ科

10数年前に母島の遊歩道沿いに現れた。その後、父島の遊歩道の周りや山地にも普通に見られるようになった。40cmぐらいの草本。根元は木質化し、多数枝分かれして細かい葉をつける。花は白色で可憐。南アフリカ原産。

可憐な草花だが手強い。

ヒメマサキ

Euonymus boninensis
- 姫柾木
 (国有種 VU)
- ニシキギ科

2〜4 mの低木、若い枝は緑色。葉は倒卵形。革質で薄い。長い花柄は枝分かれして白い小さな花を多数つける。果実は熟すると果皮が開き紅い種子が現れる。低木林内や林緑に多い。小笠原群島に分布。

生育環境にこだわらない低木。

ヒメフトモモ

Syzygium cleyerifolium

・姫蒲桃 (国有種 VU)
・フトモモ科

低木～亜高木で樹木の形や大きさは、まちまちで大きなものは7～8mで樹皮は赤褐色になる。葉は対生革質。葉柄は短く葉身は楕円形で大小さまざまである。小さな果実が多数つき、熟すると黒紫色になる。小笠原群島に分布。

数mの木になったり地面を這ったり、個体差が大きい。

ヤエヤマコクタン（リュウキュウコクタン）

Diospyros egbertwalkeri

・琉球黒檀
　（帰化種）
・カキノキ科

常緑の亜高木、樹皮は黒く平滑。枝は余り長くはない。葉は革質。倒卵形5cm前後。葉腋から1～3個の小さな白花が咲く。果実は黄熟する。材は硬い。清瀬を中心に周辺に広がりつつある。侵略的外来種。琉球、台湾に分布。

鳥が実を好み、生育地が広がっている。

リュウキュウガキ

Diospyros maritima
- 八重山柿
 (帰化種)
- カキノキ科

亜高木、高さ数m、樹皮は黒い。葉は互生、革質で長楕円形長さ15cm前後。花は葉腋につき黄白色。果実は黄熟。父島で清瀬地区を中心に広がり侵略的外来種である。徳之島以南、中国南部、東南アジア、オーストラリアに分布。

清瀬地区の道際で散見される。

オガサワラモクレイシ

Geniostoma glabrum
・小笠原木荔枝
 （国有種 VU）
・マチン科

常緑樹、高さ4〜5mになる。若枝は緑、葉は対生、滑らかで無毛。葉身は楕円形、10cm前後。花は葉腋に多数つける。朔果は楕円形、先が尖る。熟すると裂開する。種子は多数。小笠原群島に分布。
＊裂開果（成熟すると特定の個所で裂けるもの）の一種。

父島では中部に多く、ほぼ通年花が咲く。

ムニンヤツデ

Fatsia oligocarpella
- 無人八手
 (国有種 VU)
- ウコギ科

3〜7mの常緑樹。低い木はあまり枝を出さないが、大きな木は太い枝がある。葉柄は長く葉身も大きく5〜7中裂する。裂片は楕円形、波状の鋸歯がある。秋頃枝先に円錐花序をつける。母島には大きな木がある。湿った林内に生える。小笠原諸島に分布。

母島では大きな木になる。父島では細い木しかない。

シマホザキラン

Crepidium boninense
- 島穂咲蘭
 （固有種 CR）
- ラン科

小形のラン、根生葉が 3 〜 4 枚出る、葉身は卵状披針形で先は尖る。長さ 5 〜 10cm、夏の開花時には 25cm ほどの総状花序に 10 以上の小さな淡緑色の花をつける。自生株は数株しかなく心細い状況である。

ほっそりとした上品なラン。

おわりに

　この本は「はじめに」に書いたように、小笠原に住む会員6人でつくりました。間違いの指摘やご意見がありましたら小笠原野生生物研究会（連絡先は巻末に記載）にお寄せください。

　この本の出版に当たっては、私は躊躇していましたが、山下武秀社長の強いお奨めと、会員の後押しで手をつけることにしました。手書きで悪筆の原稿を編集していただいた、上野裕子さん、森清耕一さん、デザインをして下さった鈴木佳代子さんに深く感謝致します。

安井隆弥

嫁島での植林

Index

【あ】

アイダガヤ ……………… 18
アカタコノキ …………… 11
アカリーファ …………… 28
アコウ …………………… 25
アリアケカズラ ………… 42
アレカヤシ ……………… 15

【い】

イヌシバ ………………… 20
イワヒバ ………………… 61
インドボダイジュ ……… 23

【う】

ウッドローズ …………… 34

【え】

エノキアオイ …………… 33

【お】

オオイワヒトデ ………… 65
オオキンバイザサ ……… 11
オオバセンボウ ………… 11
オオバナセンダングサ … 41
オガサワラモクレイシ … 87
オガルガヤ ……………… 77
オキナワツゲ …………… 20

【き】

キダチキンバイ ………… 80
キンチョウ ……………… 79

【く】

ククイノキ ……………… 29

クサスギカズラ ………… 45
クダモノトケイソウ …… 31
クロイワザサ …………… 46
クロツグ ………………… 71
クロヨナ ………………… 73

【け】

ゲッキツ ………………… 32

【こ】

コクモウジャク ………… 64
コガネタケヤシ ………… 15
コキンモウイノデ ……… 66
コクラン ………………… 70
コダチヤハズカズラ …… 36
コトブキギク …………… 40
コバナヒメハギ ………… 82
コバノセンナ …………… 27
ゴバンノアシ …………… 57
コヒロハハナヤスリ …… 62
コブラン ………………… 60
コマツヨイグサ ………… 47
コモチクジャクヤシ …… 14

【さ】

サトウキビ ……………… 19
サルトリイバラ ………… 69

【し】

シノブボウキ …………… 45
シマカコウソウ ………… 58
シマカモノハシ ………… 53
シマホザキラン ………… 89
シマムラサキツユクサ … 21

91

【す】
スナザサ ……… 46
スパイダーリリー ……… 44

【せ】
セイバンモロコシ ……… 19
セキモンスゲ ……… 53
センニチノゲイトウ ……… 41

【そ】
ソテツ ……… 9

【た】
タイワンモミジ ……… 39
タケダカズラ ……… 37
ダンチク ……… 17
ダンドク ……… 16

【つ】
ツルナ ……… 49

【て】
テリハニシキソウ ……… 54

【と】
トックリヤシ ……… 12
トックリヤシモドキ ……… 12

【な】
ナピアグラス ……… 18
ナンバンギセル ……… 50
ナンヨウソテツ ……… 8

【の】
ノコギリシダ ……… 63

【は】
パッションフルーツ ……… 31
ハナチョウジ ……… 35
ハブソウ ……… 47
ハマスベリヒユ ……… 48
ハラン ……… 72

【ひ】
ヒゲスゲ ……… 75
ヒメアオスゲ ……… 76
ヒメフトモモ ……… 84
ヒメマサキ ……… 83
ビョウタコノキ ……… 11

【へ】
ベンガルボダイジュ ……… 24

【ほ】
ホウライショウ ……… 10
ホクチガヤ ……… 78

【ま】
マニラヤシ ……… 13
マルバケヅメグサ ……… 55

【み】
ミズスギ ……… 60
ミルスベリヒユ ……… 48

【む】

- ムニンクロガヤ ……………… 72
- ムニンゴシュユ ……………… 54
- ムニンナキリスゲ …………… 74
- ムニンノキ …………………… 56
- ムニンホオズキ ……………… 57
- ムニンヤツシロラン ………… 52
- ムニンヤツデ ………………… 88
- ムラサキオモト ……………… 22
- ムラサキソシンカ …………… 26

【も】

- モンステラ …………………… 10

【や】

- ヤエヤマコクタン …………… 85
- ヤハズカズラ ………………… 37

【ゆ】

- ユスラヤシ …………………… 16

【よ】

- ヨウシュコバンノキ ………… 30
- ヨルガオ ……………………… 49

【り】

- リュウキュウガキ …………… 86
- リュウキュウコクタン ……… 85
- リュウキュウマツ …………… 68

【る】

- ルビーガヤ …………………… 78

【ろ】

- ローレルカズラ ……………… 38

【わ】

- ワニグチモダマ ……………… 81

Explanation / 用語解説

【花序】花の茎へのつき方をいい、おもな形式は以下のとおり。

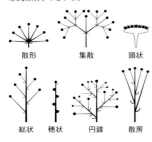

散形　集散　頭状
総状　穂状　円錐　散房

【複葉】葉身が二枚以上の小葉からなる葉。おもな小葉の配列の仕方は以下のとおり。

3出複葉　2回3出複葉
奇数羽状複葉　偶数羽状複葉　2回羽状複葉

【鋸歯】葉の縁がのこぎり歯状になっているもの。歯の切れ方にはほかに、以下のとおりがある。

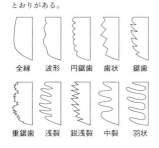

全縁　波形　円鋸歯　歯状　鋸歯
重鋸歯　浅裂　鋭浅裂　中裂　羽状

【多肉植物】肥厚した茎や葉の組織の一部または全体に多量の水分をもつ植物。

【矮低木林】低木が優先する植生のなかでも、通常の低木の2分の1程度の高さの低木で占められる低木林。

【乾性低木林】土壌が浅く乾いたところに発達した低木林。

【単葉】葉全体が一枚の葉身からなる葉。

【羽片】シダの葉で、羽状に分かれた小さい葉をいう。2〜3回羽状複葉では最終の裂片を小羽片という。

【苞】芽や蕾を包んでいる大型の葉。苞葉ともいう。

【鱗片】とくにシダ類の根茎や葉柄などに生じる小さな膜状の突起。

【花被片】ユリの花のように萼と花弁が同じような形をしている場合、両者を区別しないで花被片という。

【唇弁】ランの花などで、前に突き出ている中央部の最も大きな美しい花びら（花弁）。

【葉腋】葉が茎と接している部分。

【根茎】地下茎の一つで、根に似て地中を這い、節から根や芽を出す。

【球茎】地下茎にでんぷんなどの養分をたくわえ、球形に肥大したもの。（例）グラジオラス。

【板根】根が垂直方向に扁平の板状となり、地表に露出するもの。

【風衝地】風当たりの強い地域。

【脊梁山地】分水嶺をなす山地、山脈。

【ギャップ】台風などで、大木や林の一部が倒れてできた空所。

【雌雄異株】ソテツなどのように、雌花と雄花を別々の個体につける植物。

【斜上】茎や葉が斜め上に伸びたり、展開すること。

【埋土種子】土に埋もれている種子。倒木などで明るい環境になると、芽を出してくる。

【蒴果】裂開果の一種。完熟すると果軸に沿って裂開する。(例)ユリの果実。

【腐生植物】腐植土から栄養をとり、葉緑素をもたず光合成を行わない植物。

【仮根】コケの茎の地下部についている毛状の構造物。シダではマツバランだけは根をもたず、仮根である。

【ソーラス(胞子嚢群)】胞子が多数入っている袋(胞子嚢)の集まり。形は円形、棒状などさまざま。通常、葉の裏や縁にある。通称、胞子といっているのはソーラスのことである。

【胞子葉】胞子をつける葉、または胞子のみをつける葉。胞子をつけない葉は栄養葉という。

【無性芽】植物体の一部が、芽として親から分離し、新しい個体になるもの。

【芽鱗】通常の葉より小さく、膜質の葉を鱗片葉といい、休眠芽を鱗片葉が幾重にも包んでいるものを芽鱗という。

【托葉】葉柄の基部についている小さな葉。大きさや形はさまざま。

【仏炎苞】花序を一枚で被う大きな苞。サトイモ科の植物に多い。

ここでは、本文中の＊をつけた用語だけでなく、植物に関する基礎的な言葉もあわせて解説しています。

Information

小笠原野生生物研究会への入会のお誘い

当会では絶滅危惧種の保全、帰化植物の駆除、育苗、植栽、海岸清掃など多くのボランティア活動を行っています。
また、植物相の調査、植生調査や固有種の発芽試験そして成長試験も行っています。
今後も小笠原の自然環境保全活動を続けていきます。

- 入会金なし。年会費1口1000円、口数は任意。
- 入会申し込み……氏名、住所、電話、FAX番号等を記入のうえ、FAX、E-mailまたは郵便のいずれかで下記へお送りください。書式は任意です。
- FAX……………04998(2)2206　小笠原野生生物研究会
- E-mail…………yaseiken@globe.ocn.ne.jp
- 住所……………〒100-2101 東京都小笠原村父島字奥村　小笠原野生生物研究会
- 送金先…………郵便振替　00190-3-161717　小笠原野生生物研究会
  東京信連小笠原支店　3020904　名義は同上
  七島信用組合小笠原支店　0003678　名義は同上

小笠原の植物　フィールドガイドⅢ

発行日 ──── 2019年1月1日

著者 ──── 特定非営利活動法人（NPO）小笠原野生生物研究会
発行者 ──── 山下武秀
発行所 ──── 風土社
　　　　　　〒101-0065　東京都千代田区西神田1-3-6 UETAKEビル3F
　　　　　　TEL：03-5281-9537　FAX：03-5281-9539
編集 ──── 上野裕子（PEAKS）、森清耕一
デザイン ──── 鈴木佳代子
印刷所 ──── （株）東京印書館

ISBN 978-4-86390-052-3 C0245
Printed in Japan